UNSER SONNENSYSTEM

Eine Entdeckungsreise durch das Universum

Philipp Frühwirth

INHALT

EINLEITUNG ZUM SONNENSYSTEM

Unser Sonnensystem ist ein faszinierender Ort, der unzählige Fragen aufwirft und uns Raumfahrtenthusiasten seit Jahrhunderten begeistert. Es besteht aus unserer Sonne, acht Planeten, fünf anerkannten Zwergplaneten, mehreren hunderttausend Asteroiden und Millionen von Kometen. Es ist die einzige Möglichkeit für uns, das Universum aus nächster Nähe zu untersuchen.

Die Entstehung unseres Sonnensystems ist ein ebenso faszinierendes Thema, das seit langem die Wissenschaftler beschäftigt. Die meisten Theorien besagen, dass unser Sonnensystem vor etwa 4,6 Milliarden Jahren aus einer riesigen Gaswolke entstanden ist - genannt die Sonnennebel-Theorie. Die Spiralbewegungen im Gas und Staub führten dazu, dass sich einige Materieansammlungen zusammenzogen und begannen, sich durch Gravitationskraft zu verfestigen. Die größte Ansammlung wurde die Sonne und die weiteren Verfestigungen und Rotationen führten zur Entstehung der Planeten.

Jeder Planet in unserem Sonnensystem hat seine eigene, einzigartige Geschichte und Herausforderungen. Einige haben eine extrem hohe Temperatur, wie der Merkur, während andere eine dichte Atmosphäre haben, wie der Venus und der Mars. Saturn ist bekannt für seine auffälligen Ringe, Jupiter hat den größten Durchmesser und der Uranus ist durch seine geneigte Achse ungewöhnlich. Die Erde ist unser Heimatplanet und der einzige Ort, den wir bisher kennen, der das Leben beherbergt.

Die Zwergplaneten, wie Ceres und Pluto, sind nicht so groß wie die acht Planeten unseres Sonnensystems und haben auch keine klare "Bahn" um die Sonne herum. Sie gelten deshalb nicht als vollwertige Planeten, aber zählen dennoch zu unseren Nachbarn im All.

Die Asteroiden in unserem Sonnensystem sind kleine, felsige Himmelskörper, die sowohl zwischen den Planeten als auch innerhalb des Asteroidengürtels kreisen. Mehrere Asteroiden sind in der Vergangenheit auf die Erde gestürzt - einer dieser Einschläge könnte das Aussterben der Dinosaurier verursacht haben.

Kometen sind wandernde Himmelskörper aus dem äußeren Sonnensystem. Sie bestehen aus Eis, Staub und Gestein und bewegen sich auf elliptischen Bahnen um die Sonne. Einige Kometen haben spektakuläre Helligkeitsausbrüche, wenn sie nahe an der Sonne vorbeifliegen.

Die Erforschung unseres Sonnensystems hat in den letzten Jahrzehnten enorme Fortschritte gemacht. Raumsonden wie Voyager, Cassini und New Horizons haben uns erstaunliche Bilder und Daten aus den entferntesten Teilen unseres Sonnensystems geliefert. Die Zukunft der Forschung wird von der Entwicklung neuer Technologien wie der Interstellaren Raumfahrt und bemannten Marsmissionen bestimmt sein.

Unser Sonnensystem bietet uns einen einzigartigen Einblick in die Funktionsweise des Universums und seine Entstehung. Die Beobachtung und Erforschung dieses faszinierenden Ortes wird uns immer weiter in die Tiefen des Weltraums führen und uns dabei helfen, unser Platz im Kosmos zu verstehen.

GESCHICHTE DER ERFORSCHUNG UNSERES SONNENSYSTEMS

Schon seit Jahrtausenden beobachten die Menschen den Sternenhimmel und versuchen, die Natur der Himmelskörper zu verstehen. Die alten Kulturen der Babylonier, Ägypter und Griechen hatten erste Ideen über das Sonnensystem entwickelt. Sie erkannten, dass die Planeten sich regelmäßig am Himmel bewegen und bestimmten ihnen Eigenschaften wie Helligkeit und Farbe zu. Doch erst mit der Erfindung des Teleskops im Jahre 1608 durch den Niederländer Hans Lippershey begann die moderne Erforschung des Sonnensystems.

Der italienische Astronom Galileo Galilei nutzte als erster das Teleskop, um den Himmel zu beobachten. Er entdeckte 1610 die vier größten Monde des Jupiter, die den Namen 'Galileische Monde' erhielten. Auch verfeinerte er die Beobachtungsmethoden und entdeckte die Phasen des Planeten Venus. Galileis Entdeckungen bestätigten das heliozentrische Weltbild von Nikolaus Kopernikus, wonach sich die Planeten um die Sonne drehen und nicht um die Erde.

Neben Galilei trugen auch andere Astronomen wie Johannes Kepler und Tycho Brahe zur Erforschung des Sonnensystems bei. Kepler entdeckte die Gesetze der Planetenbewegung, indem er die Bahnen der Planeten genau beobachtete und die Daten mit mathematischen Formeln analysierte. Brahe erstellte umfangreiche Kataloge von Sternpositionen und brachte so wichtige Erkenntnisse über die Himmelskörper und ihr Verhalten.

Die nächste wichtige Phase der Erforschung des Sonnensystems begann im 18. Jahrhundert mit der Entdeckung des Fernrohrs durch William Herschel und der Analyse der Sternspektren durch Joseph von Fraunhofer. Herschel entdeckte Uranus, den ersten Planeten, der mit einem Teleskop entdeckt wurde. Fraunhofer identifizierte Linien im Spektrum des Sonnenlichts, die auf das Vorhandensein bestimmter Elemente hinwiesen. Damit konnte er Rückschlüsse auf die chemische Zusammensetzung der Sonne und anderer Himmelskörper ziehen.

Ein weiterer wichtiger Meilenstein in der Erforschung des Sonnensystems war die Entdeckung des Neptun durch Adams und Le Verrier. Sie konnten aufgrund von Abweichungen in der Umlaufbahn des Uranus berechnen, wo sich ein weiterer Planet verstecken müsste, und tatsächlich wurde Neptun kurz darauf entdeckt. Die Entdeckung Pluto durch Clyde Tombaugh 1930 und später die Erkenntnis, dass es sich um einen Zwergplaneten handelt, sind ebenfalls wichtige Ereignisse in der Geschichte der Sonnensystemforschung.

Heute nutzen Astronomen moderne Technologien wie Raumsonden und Teleskope, um das Sonnensystem und seine Himmelskörper weiterhin zu erforschen. Die bisherigen Erkenntnisse haben unser Verständnis über das Sonnensystem und die Natur des Universums erheblich erweitert.

DIE SONNE: UNSER ZENTRALSTERN

Die Sonne ist der Zentralstern unseres Sonnensystems und bildet das Zentrum aller Planeten und Himmelskörper, die unser Sonnensystem umkreisen. Sie hat einen Durchmesser von etwa 1,4 Millionen Kilometern und eine Masse von etwa $1,99 \times 10^{30}$ Kilogramm. Die Sonne ist damit mehr als 300.000-mal schwerer als die Erde und macht etwa 99,86% der gesamten Masse des Sonnensystems aus.

Die Sonne ist ein wichtiger Bestandteil unseres Lebens. Sie liefert uns nicht nur Licht und Wärme, sondern ist auch der Grund, warum auf der Erde Leben möglich ist. Die Photosynthese, die den Pflanzen ermöglicht zu wachsen, benötigt das Sonnenlicht. Aber auch für den Menschen hat die Sonne eine wichtige Rolle. Vitamin D, das für unsere Gesundheit wichtig ist, wird durch das Sonnenlicht produziert.

Die Sonne besteht hauptsächlich aus Wasserstoff-Atomen, die bei Temperaturen von bis zu 15 Millionen Grad Celsius miteinander verschmelzen und so in Helium-Atome umgewandelt werden. Bei diesen Prozessen entsteht enorme Energie, die als Strahlung in alle Richtungen abgegeben wird und auch unsere Erde erreicht. Durch diese Energie werden die Temperaturen auf der Erde konstant gehalten und ermöglichen so, dass es auf unserem Planeten Leben geben kann.

Die Sonne hat aber auch eine dunkle Seite. So ist sie beispielsweise verantwortlich für Sonnenstürme, die elektromagnetische Strahlung und Teilchen auswerfen. Diese können auf der Erde gefährlich werden, indem sie Elektronik und Stromnetze beeinträchtigen.

Die Erforschung der Sonne hat in den letzten Jahrzehnten enorme Fortschritte gemacht. Heute können wir nicht nur ihre Oberfläche beobachten, sondern auch ihre innere Struktur untersuchen. Dazu setzen die Wissenschaftler verschiedene Methoden ein, wie zum Beispiel die Beobachtung des Sonnenwindes, des Magnetfeldes der Sonne oder des Sonnenfleckenzyklus.

In Zukunft wird die Erforschung der Sonne eine immer wichtiger werdende Rolle spielen. So kann die Sonne uns Antworten geben auf wichtige Fragen, wie zum Beispiel die Ursprünge des Lebens auf der Erde, der Entstehung von Planeten oder den Folgen des Klimawandels.

DIE PLANETEN: ÜBERBLICK
UND EIGENSCHAFTEN

Das Sonnensystem besteht aus acht Planeten, die in einer Umlaufbahn um die Sonne kreisen. Sie sind unterschiedlich groß, haben verschiedene Eigenschaften und sind aus unterschiedlichen Materialien zusammengesetzt. Im Folgenden geben wir einen Überblick über jeden Planeten und seine wichtigen Eigenschaften.

Merkur
Merkur ist der sonnennächste Planet und auch der kleinste Planet im Sonnensystem. Sein Durchmesser beträgt nur etwa ein Drittel des Erddurchmessers. Er hat keine Atmosphäre und seine Oberfläche ist von Kratern geprägt.

Venus
Die Venus ist der heißeste Planet im Sonnensystem, da sie von einer dicken und giftigen Atmosphäre umgeben ist, die die Wärme der Sonne einschließt. Sie ist ähnlich groß wie die Erde und hat eine dichte Atmosphäre, die hauptsächlich aus Kohlendioxid besteht.

Erde
Die Erde ist unser Heimatplanet und der fünftgrößte Planet im Sonnensystem. Sie hat eine Atmosphäre, die lebenserhaltende Bedingungen unterstützt und ist der einzige Planet, auf dem Leben bekannt ist. Sie hat einen natürlichen Satelliten, den Mond.

Mars
Der Mars ist der vierte Planet im Sonnensystem und auch bekannt als der "rote Planet" aufgrund seiner roten Oberfläche. Er ist etwa halb so groß wie die Erde und hat eine dünne Atmosphäre, die

hauptsächlich aus Kohlendioxid besteht.

Jupiter

Jupiter ist der größte Planet im Sonnensystem, er ist sogar größer als alle anderen Planeten zusammen. Er hat ein starkes Magnetfeld und seine massive Atmosphäre enthält die höchste Anzahl von Gasriesen, die von einem Planeten im Sonnensystem bekannt sind.

Saturn

Saturn sieht mit seinen auffälligen Ringen und seinen vielen Monden besonders aus. Sein Durchmesser ist fast neunmal größer als der der Erde und er hat eine sehr geringe Dichte, was bedeutet, dass er größtenteils aus Gasen und Flüssigkeiten besteht.

Uranus

Uranus ist der siebte Planet im Sonnensystem und bekannt für seine seltsame, fast liegende Position, die ihm den Namen "Der seitenverkehrte Planet" einbrachte. Er hat eine dünne Atmosphäre und ist von einem System von Ringen und Monden umgeben.

Neptun

Neptun ist der am weitesten entfernte Gasriese im Sonnensystem. Er hat ein starkes Magnetfeld, das sogar stärker ist als das von Jupiter. Die Atmosphäre von Neptun ist sehr ähnlich wie die von Uranus und enthält Wasser, Methan und Ammoniak.

Zusammenfassend gibt es acht Planeten im Sonnensystem, von denen jeder faszinierend und einzigartig ist. Die meisten von ihnen haben unterschiedliche Temperaturen, Atmosphären und Oberflächen und bieten somit eine umfangreiche Studie für Weltraumforscher und Wissenschaftler.

MERKUR: DER SONNENNÄCHSTE PLANET

Merkur ist der sonnennächste und kleinste Planet in unserem Sonnensystem. Mit einer durchschnittlichen Entfernung von 57,9 Millionen Kilometern zur Sonne ist er der Planet, der der Sonne am nächsten ist und daher extremen Temperaturen ausgesetzt ist. Seine Oberflächentemperatur kann auf der sonnenzugewandten Seite bis zu 430 Grad Celsius erreichen, während die Nachtseite auf -170 Grad Celsius abkühlt.

Merkur ist auch der schnellste Planet, der unsere Sonne umkreist. Seine Umlaufbahn dauert nur 88 Tage, während ein Tag auf Merkur 176 Tage dauert. Dies bedeutet, dass ein Tag auf Merkur länger ist als ein Jahr, was auf seine langsame Rotation zurückzuführen ist.

Merkur hat eine felsige, kratzerbedeckte Oberfläche, ähnlich der des Mondes. Es gibt jedoch auch Gebiete mit glatteren und flacheren Oberflächen und Canyons, die länger und tiefer als der Grand Canyon auf der Erde sind. Eine bemerkenswerte Oberflächenanomalie ist Caloris Basin, einer der größten Einschlagkrater im Sonnensystem mit einem Durchmesser von fast 1.550 Kilometern.

Merkur hat keine Atmosphäre, die seine Oberfläche vor Sonnenwinden schützt, die eine Plasmawolke um die Sonne erzeugen. Dies bedeutet, dass die Oberfläche von Merkur ständig von energiereichen Teilchen bombardiert wird, was zu einer langsamen Verwitterung der Oberfläche führt.

Merkurs Entdeckung geht auf das Altertum zurück, da er einer der fünf sichtbaren Planeten war, die mit bloßem Auge beobachtet werden konnten. Die ersten genauen Messungen seiner Position und Umlaufbahn wurden jedoch erst in den 1960er Jahren durchgeführt, als NASA-Sonden zum Planeten geschickt wurden. Mariner 10 war die erste Sonde, die Merkur besuchte, und sie lieferte wichtige Daten über den Planeten, einschließlich der Existenz von Magnetfeldern.

In jüngster Zeit hat die NASA eine Mission namens MESSENGER (MErcury Surface, Space ENvironment, GEochemistry, and Ranging) gestartet, deren Ziel es war, Merkur aus nächster Nähe zu erforschen. Die Mission begann im Jahr 2004 und endete im Jahr 2015, als die Sonde absichtlich auf die Oberfläche des Planeten gestürzt wurde. Während der Mission wurden viele wichtige Erkenntnisse über Merkur gewonnen, einschließlich der Entdeckung von Wasserstoffabundance in der Nähe des Planeten, was darauf hindeutet, dass es möglicherweise Wasser auf Merkur gibt.

Insgesamt bleibt Merkur ein faszinierender und geheimnisvoller Planet im Sonnensystem und bietet eine Menge Potenzial für weitere Forschung.

VENUS: DER HEISSESTE PLANET IM SONNENSYSTEM

Die Venus ist der Planet in unserem Sonnensystem, der am nächsten zur Erde liegt und oft als der "Zwilling" unserer Heimatwelt bezeichnet wird. Obwohl sie in einigen Aspekten der Erde ähnelt, unterscheidet sie sich in anderen wichtigen Aspekten deutlich.

Die Venus ist der zweite Planet in unserem Sonnensystem und der sechstgrößte. Sie ist auch der heißeste Planet im Sonnensystem, mit einer globalen Oberflächentemperatur von über 460 Grad Celsius, was heiß genug ist, um Blei zu schmelzen. Die Venus ist in der Tat heißer als der Merkur, der näher an der Sonne liegt, aber nur aufgrund ihrer dichten Atmosphäre, die die Sonnenstrahlen einfängt und die Wärme auf der Oberfläche hält.

Die Atmosphäre der Venus ist auch sehr dicht und undurchsichtig und besteht hauptsächlich aus Kohlendioxid. Es gibt keine Ozeane oder fließendes Wasser auf der Venus, da die hohen Temperaturen und der hohe Druck auf der Oberfläche dies unmöglich machen. Stattdessen gibt es auf der Venus Vulkane, Berge, Kies und Krater.

Die Venus hat auch die längsten Tage aller Planeten im Sonnensystem. Es dauert 243 Tage, um sich einmal auf seiner Achse zu drehen, was länger ist als ein Jahr auf der Venus, das nur 225 Tage dauert. Die Venus umkreist die Sonne alle 225 Tage und bewegt sich entgegen dem Uhrzeigersinn, was in unserem Sonnensystem ungewöhnlich ist.

Obwohl die Venus viele Herausforderungen für die Erforschung darstellt, haben wir viel über diesen Nachbarplaneten gelernt. Die NASA hat mehrere Missionen zu Venus geschickt, darunter die

Pioneer-Venus-Mission in den 1970er Jahren und die Parker Solar Probe, die im Jahr 2018 gestartet wurde. In der Zukunft plant die NASA eine neue Mission namens VERITAS (Venus Emissivity, Radio Science, InSAR, Topography, and Spectroscopy), um die Oberfläche und die Geologie des Planeten zu untersuchen.

Die Venus wird auch oft als Beispiel für den Treibhauseffekt angeführt, da ihre dichte Atmosphäre und die Anwesenheit von Treibhausgasen wie Kohlendioxid dazu führen, dass die Sonnenenergie auf der Oberfläche der Venus gefangen wird und zur Erhöhung der Temperatur beiträgt. Daher ist die Untersuchung der Venus für uns auch in vielerlei Hinsicht von großem Interesse, insbesondere im Hinblick auf den Klimawandel und die Auswirkungen des Treibhauseffekts.

DIE ERDE: UNSER HEIMATPLANET

Die Erde ist unser Heimatplanet und der einzige Ort im bekannten Universum, der Leben beherbergt. Sie ist der dritte Planet von der Sonne aus und der fünftgrößte Planet im Sonnensystem, mit einem Durchmesser von etwa 12.742 Kilometern am Äquator.

Unsere Erde hat eine Atmosphäre, die für das Leben auf ihr unerlässlich ist, da sie eine Schutzschicht vor der Strahlung der Sonne bietet, die für uns sehr schädlich sein kann. Die Atmosphäre besteht hauptsächlich aus Stickstoff (78%) und Sauerstoff (21%), sowie Spuren von anderen Gasen wie Kohlenstoffdioxid, Wasserdampf und Edelgasen. Die Erde ist auch der einzige Planet im Sonnensystem, der flüssiges Wasser auf seiner Oberfläche hat, das für alle bekannten Formen des Lebens unerlässlich ist.

Unsere Erde umrundet die Sonne in einer Entfernung von etwa 150 Millionen Kilometern und braucht dafür ungefähr 365,25 Tage, um eine volle Umrundung zu vollziehen. Die Umlaufbahn der Erde um die Sonne ist auch der Grund für die Jahreszeiten auf der Erde. Wenn die Nordhalbkugel im Sommer der Sonne zugewandt ist, ist die Südhalbkugel im Winter, und umgekehrt.

Die Erde hat auch einen natürlichen Satelliten, unseren Mond, der etwa 1/4 des Durchmessers der Erde hat. Der Mond umkreist die Erde in einer Entfernung von etwa 380.000 km und beeinflusst unter anderem Ebbe und Flut auf der Erde.

Die Erde besteht aus verschiedenen Schichten, angefangen von der Erdkruste, die aus kontinentalen und ozeanischen Platten besteht, bis hin zum Inneren der Erde, das aus einem flüssigen äußeren Kern und einem festen inneren Kern besteht. Das Magnetfeld der Erde wird durch den flüssigen äußeren Kern erzeugt und schützt uns vor den energiereichen Teilchen des Sonnenwinds.

Die Erde hat eine reiche Geschichte, die bis zu 4,6 Milliarden Jahre in die Vergangenheit zurückreicht. Erosion, Vulkanismus, Erdbeben und Plattentektonik haben die Erdoberfläche geformt und verändert. Die Geschichte der Menschheit auf der Erde ist vergleichsweise kurz, aber dennoch hat sie einen enormen Einfluss auf die Geologie und die Biosphäre unseres Planeten.

Insgesamt ist die Erde ein einzigartiger und faszinierender Planet im Sonnensystem. Die komplexe Wechselwirkung zwischen der Erde und ihren Bewohnern macht sie zu einem außerordentlich wichtigen Objekt der Erforschung und des Schutzes.

DER MOND: UNSER NATÜRLICHER SATELLIT

Der Mond ist der einzige natürliche Satellit unseres Planeten und einer der am meisten erforschten Himmelskörper im Sonnensystem. Er spielt eine wichtige Rolle im Leben auf der Erde, sei es durch seine Auswirkungen auf die Gezeiten oder als Ziel für die Raumfahrtmissionen.

Der Mond hat einen Durchmesser von knapp 3.500 Kilometern und ist damit nur etwas mehr als ein Viertel so groß wie die Erde. Er umkreist die Erde in einer elliptischen Bahn und benötigt ungefähr 27,3 Tage für eine Umrundung. Gleichzeitig dreht sich der Mond einmal um seine eigene Achse, so dass immer dieselbe Seite zum Planeten zeigt. Diesen Zustand nennt man Phasengebundene Rotation.

Die Geschichte der Erforschung des Mondes geht mehrere Jahrhunderte zurück. Schon im 17. Jahrhundert verwendeten Astronomen erstmals Teleskope, um die Oberfläche des Mondes zu beobachten. Im Laufe der Zeit wurden immer genauere Beobachtungen möglich, und mit der Entwicklung der Raumfahrttechnologie konnten schließlich auch Raumsonden und bemannte Missionen zum Mond geschickt werden.

Die ersten bemannten Missionen zum Mond fanden in den späten 1960er und frühen 1970er Jahren statt. Die Apollo-Missionen der NASA waren die ersten erfolgreichen Landungen von Menschen auf einem anderen Himmelskörper. Zwischen 1969 und 1972 landeten insgesamt zwölf Astronauten auf dem Mond und führten eine Vielzahl von Experimenten und Beobachtungen durch.

Die Untersuchungen der Mondoberfläche zeigten, dass sie aus verschiedenen Arten von Gestein besteht, darunter Basalt, Lava und Brekzie, die durch Einschläge von Asteroiden oder Kometen entstanden sind. Die Mondoberfläche ist von Kratern und Gebirgen durchzogen, und es gibt auch Hinweise auf vulkanische Aktivität in der Vergangenheit.

Heute wird der Mond noch immer aus der Erdumlaufbahn und von Raumsonden aus untersucht. Es gibt auch Pläne für zukünftige bemannte Missionen zum Mond, sowohl von der NASA als auch von anderen Raumfahrtbehörden und privaten Unternehmen.

Insgesamt hat der Mond nicht nur wissenschaftliches Interesse geweckt, sondern auch kulturelle Bedeutung erlangt. So wird er in Kunstwerken, Filmen und Büchern oft als Symbol für Romantik, Einsamkeit oder Abenteuer verwendet. Der Mond fasziniert die Menschen seit Tausenden von Jahren und wird das auch in Zukunft vermutlich weiterhin tun.

MARS: DER ROTE PLANET

Der Mars ist der vierte Planet in unserem Sonnensystem und auch bekannt als der "rote Planet" wegen seiner faszinierenden roten Oberfläche, die durch das in der Atmosphäre enthaltene Eisenoxid verursacht wird. Wie die Erde hat auch Mars eine dünne Atmosphäre aus Kohlenstoffdioxid, Stickstoff und Argon, allerdings ist sie viel dünner als die der Erde.

Mars ist etwa halb so groß wie die Erde und hat auch eine geringere Masse. Seine Atmosphäre kann den Planeten nicht vor der Sonnenstrahlung schützen, wodurch die Oberfläche starken Temperaturschwankungen ausgesetzt ist. Die Tage auf dem Mars sind ähnlich lang wie auf der Erde, also etwa 24 Stunden und 40 Minuten. Die Jahreszeiten hingegen dauern fast doppelt so lange, da der Mars weiter von der Sonne entfernt ist und viel langsamer um sie herumkreist.

In der Mitte des Mars befindet sich der Olympus Mons, der größte Vulkan unseres Sonnensystems. Dieser Vulkan ist etwa drei Mal höher als der Mount Everest, der höchste Berg der Erde. Der Mars hat auch das längste Tal in unserem Sonnensystem: das Valles Marineris, das etwa 4.000 km lang und bis zu 7 km tief ist.

Wissenschaftler glauben, dass es auf dem Mars in der Vergangenheit flüssiges Wasser gegeben hat. Es gibt Beweise für ausgetrocknete Flussbetten, Seen und sogar Ozeane. Forscher haben auch Anzeichen für organische Moleküle auf dem roten Planeten gefunden, was darauf hindeutet, dass es in der Vergangenheit Leben auf dem Mars gegeben haben könnte.

Seit den 1960er Jahren wurden zahlreiche Missionen zum Mars geschickt, darunter Orbiter, Rover und Lander. Die meisten davon wurden von der NASA und der Europäischen

Weltraumorganisation (ESA) durchgeführt. Die NASA hat derzeit zwei Rover auf dem Mars - den Curiosity- und den Perseverance-Rover - die auf der Suche nach Spuren von Leben auf dem Planeten sind.

Die Erforschung des Mars ist von entscheidender Bedeutung für unser Verständnis des Sonnensystems und unseres Platzes darin. Der rote Planet ist ein Schrittmacher für uns auf unserem Weg in die Zukunft der Weltraumforschung.

JUPITER: DER GRÖSSTE PLANET IM SONNENSYSTEM

Jupiter ist der fünfte Planet im Sonnensystem und der größte Planet in unserem Sonnensystem. Benannt nach dem römischen König der Götter, ist Jupiter ein Gasriese, dessen Durchmesser etwa 11-mal größer ist als der der Erde. Seine Masse ist 318-mal größer als die der Erde. Jupiter ist der helle Stern am Nachthimmel, der oft als „Wanderstern" bezeichnet wird.

Jupiter ist ein Gasplanet ohne feste Oberfläche. Seine Atmosphäre besteht hauptsächlich aus Wasserstoff und Helium, ähnlich wie die Sonne. Tief in der Atmosphäre gibt es jedoch feuchte Schichten mit Wolken und Stürmen, die stärker sind als alles, was wir auf der Erde erleben können. Der große Rote Fleck, ein großer Sturm, der mindestens seit dem 17. Jahrhundert beobachtet wird, ist etwa dreimal so groß wie die Erde.

Jupiter hat auch Monde, und es gibt mehr als 60 bekannte – mit jedem Jahr werden es mehr. Vier seiner größten Monde: Io, Europa, Ganymed und Kallisto, sind bekannt als die Galileischen Monde, benannt nach dem Astronomen Galileo Galilei, der sie 1610 entdeckt hat. Diese Monde sind etwa so groß wie Planeten und haben ihre eigenen einzigartigen Eigenschaften.

Io ist der vulkanischste Mond im Sonnensystem, mit Hunderten von aktiven Vulkanen und einer einzigartigen Atmosphäre, die von den Eruptionen unterstützt wird. Europa ist ein interessanter Mond, da unter seiner gefrorenen Eisoberfläche ein Ozean vermutet wird, der den Planeten umkreist. Ganymed ist der größte Mond im Sonnensystem und ist größer als der Planet Merkur. Ganymed ist ein geologisch aktiver und interessanter Mond, da er eine dichte Zusammensetzung und eine eigene

Magnetosphäre hat. Kallisto hingegen ist mit einem Durchmesser von 4820 km der drittgrößte Mond im Sonnensystem und hat eine besonders alte und kraterübersäte Oberfläche.

Jupiter ist ein wichtiger Planet im Sonnensystem, der uns nicht nur eine faszinierende Welt zu Untersuchen bietet, sondern auch einen Blick in die Vergangenheit gibt. Indem wir Jupiter studieren, lernen wir mehr über die Entstehung unseres Sonnensystems und seiner Entwicklung im Laufe der Zeit.

SATURN: DER PLANET MIT DEN AUFFÄLLIGEN RINGEN

Saturn ist der zweitgrößte Planet in unserem Sonnensystem und bekannt für seine auffälligen Ringe, die ihn umgeben. Diese Ringe bestehen hauptsächlich aus Eispartikeln, zusammengefügt in verschiedenen Größen und Formen.

Saturn wurde 1610 vom berühmten Astronomen Galileo Galilei entdeckt, aber es war der niederländische Astronom Christiaan Huygens, der zuerst die Ringe des Planeten sah und als solche beschrieb. Seither haben zahlreiche Raumsonden und Teleskope dazu beigetragen, unser Wissen über Saturn und seine Ringe zu erweitern.

Wie alle Gasriesen hat Saturn keine feste Oberfläche, sondern eine aus Gasen bestehende Atmosphäre. Die Kraft der Schwerkraft auf Saturn ist ungefähr doppelt so stark wie die auf der Erde und obwohl er viel größer als die Erde ist, dreht er sich auch schneller - ein Tag auf Saturn dauert nur 10,7 Stunden!

Saturn ist auch bekannt für seine große Anzahl an Monden. Derzeit sind 82 Monde bekannt, von denen der größte, Titan, größer als der Planet Merkur ist. Titan ist besonders interessant, da es eine Atmosphäre hat, die der der Erde ähnelt. Tatsächlich ist es der einzige Mond im Sonnensystem, der eine dichte Atmosphäre hat. Titan hat auch Flüsse, Seen und Meere aus flüssigem Methan und Ethan, was ihn zu einem vielversprechenden Kandidaten für die Suche nach Leben im Sonnensystem macht.

Eine der bemerkenswertesten Missionen zur Erforschung des Saturnsystems war die Cassini-Mission, eine gemeinschaftliche

Mission der NASA und der europäischen Weltraumorganisation ESA. Die Cassini-Sonde umkreiste Saturn und seine Monde und lieferte spektakuläre Bilder und Daten von dem, was bis dahin das am wenigsten verstandene Gasriesen-System war.

Einige der wichtigsten Entdeckungen von Cassini beinhalten, dass das Innere von Saturn wahrscheinlich aus einem Kern aus festem Material, umgeben von einer Schicht aus flüssigem Metall und Gas besteht; dass viele Monde, darunter Enceladus, fähig sind, Wasser und damit verbundene Moleküle auszustoßen; und dass die Ringe von Saturn weit verbreiteter sind und mehr Strukturen aufweisen, als wir ursprünglich dachten.

Saturn ist zweifellos eines der faszinierendsten Objekte im Sonnensystem, von seinen auffälligen Ringen bis hin zu seinen vielen Monden und seiner sich schnell drehenden Atmosphäre. Die andauernde Erforschung von Saturn und seinem System hat uns viel dabei geholfen, unser Verständnis von großen Gasplaneten zu verbessern und uns gezeigt, dass die Welt um uns herum noch immer viele Geheimnisse birgt.

URANUS: DER SELTSAM
GENEIGTE PLANET

Uranus ist der siebte Planet von der Sonne und der dritte Gasriese im Sonnensystem. Er wurde im Jahr 1781 von dem britischen Astronomen William Herschel entdeckt und nach dem griechischen Gott des Himmels benannt. Uranus unterscheidet sich in vielerlei Hinsicht von den anderen Planeten und hat eine einzigartige Präsenz im Sonnensystem.

Uranus hat eine ähnliche Ausdehnung wie Neptun, ist jedoch wesentlich leichter, was ihn zum geringsten dichten Planeten im Sonnensystem macht. Uranus besteht zu etwa 80 Prozent aus Wasserstoff und 19 Prozent aus Helium, sowie geringen Mengen an Methan und Ammoniak. Die Atmosphäre von Uranus unterscheidet sich von der anderer Gasriesen im Sonnensystem, weil sie in ihrer Zusammensetzung mehr Methan als Ammoniak enthält, was für die bläuliche Färbung des Planeten verantwortlich ist.

Eine der auffälligsten Eigenschaften von Uranus ist seine seltsame Achsenneigung. Im Gegensatz zu den meisten Planeten im Sonnensystem ist Uranus Achsenneigung um fast 98 Grad geneigt. Infolgedessen dreht sich Uranus "von der Seite" und hat eine sehr ungewöhnliche Jahreszeitendynamik, bei der seine Pole fast 42 Jahre in Dunkelheit oder ununterbrochener Sonne verbringen können, je nach Jahreszeit. Das bedeutet, dass die Polregionen von Uranus sehr unterschiedliche Temperaturen aufweisen, was auf deren Winkelbeziehung zur Sonne zurückzuführen ist.

Eine weitere bemerkenswerte Tatsache über Uranus ist, dass er von Ringen umgeben ist, obwohl sie nicht so auffällig sind wie die von Saturn. Der Ring um Uranus besteht aus dunklem Material und ist im Vergleich zu den auffälligen Ringen von Saturn sehr schwach.

Uranus hat 27 bekannte natürliche Satelliten. Der größte von ihnen heißt Titania und ist etwa so groß wie der Mond der Erde. Uranus hat auch einen sehr dunklen und ungewöhnlichen Mond namens Miranda, der eine sehr unregelmäßige Oberfläche hat und als der am stärksten von Kratern übersäte Mond im Sonnensystem gilt.

Obwohl Uranus als relativ unstudierter Planet gilt, haben mehrere automatisierte Raumsonden den Planeten besucht und seine einzigartigen Eigenschaften untersucht. Die NASA-Sonde Voyager 2 schnitt beispielsweise im Jahr 1986 nahe am Uranus vorbei und lieferte wertvolle Daten und Bilder dieses faszinierenden Planeten zurück.

NEPTUN: DER AM WEITESTEN ENTFERNTE GASRIESE

Neptun ist der achte und am weitesten entfernte Planet in unserem Sonnensystem und gehört zur Familie der Gasriesen. Er wurde 1846 von dem französischen Astronomen Urbain Le Verrier entdeckt, der seine Position mithilfe von mathematischen Berechnungen vorhersagte. Neptun ist nach dem römischen Gott des Meeres benannt, und seine charakteristische blaue Farbe ist auf die Präsenz von Methan in seiner Atmosphäre zurückzuführen.

Physikalische Eigenschaften von Neptun:
- Durchmesser: 49.244 Kilometer
- Masse: 17,14 Erdmassen
- Entfernung von der Sonne: 4,5 Milliarden Kilometer
- Umlaufzeit um die Sonne: 164,8 Jahre
- Rotationsdauer: 16,1 Stunden
- Temperatur: -200 Grad Celsius

Wie alle Gasriesen besteht Neptun hauptsächlich aus Wasserstoff und Helium. Allerdings sind die Bedingungen auf Neptun sehr unterschiedlich und viel extremer als auf der Erde. Dazu gehört auch der extreme Wind, der auf der Oberfläche von Neptun herrscht und mit bis zu 2.400 Kilometern pro Stunde weht. Diese Geschwindigkeit ist deutlich stärker als jeder andere Wind im Sonnensystem und kann zu extremen Wetterbedingungen führen.

Neptun hat ein Ringsystem, obwohl es viel weniger auffällig und umfangreich ist als das Ringsystem von Saturn. Es besteht aus mehreren dünnen Ringen und wurde erstmals von der Voyager 2-Sonde im Jahr 1989 entdeckt. Neptun hat auch 14 bekannte

Monde, wobei Triton der größte ist. Triton ist ein besonders interessanter Mond, da er rückläufig um Neptun kreist und nach wissenschaftlichen Theorien eine kürzliche Kollision mit einem anderen Objekt im Sonnensystem erfahren haben könnte.

Aufgrund seiner Entfernung von der Erde und seiner extremen Bedingungen wurde Neptun bisher nur von der Voyager 2-Sonde besucht, die im Jahr 1989 eine Vorbeiflugmission durchführte. Aufgrund seiner Entfernung und der Schwierigkeit, eine Raumsonde zu starten, wurden seitdem keine weiteren Missionen zum Neptun gestartet. Jedoch haben Wissenschaftler beobachtet, dass die Intensität und die Farbe von Neptuns Atmosphäre sich verändert haben; es ist also möglich, dass es noch mehr zu entdecken gibt als bisher bekannt.

Insgesamt bleibt Neptun, wie auch andere Planeten unseres Sonnensystems, ein faszinierendes und mysteriöses Phänomen, das uns immer wieder aufs Neue fasziniert und herausfordert.

DIE ZWERGPLANETEN:
PLUTO UND CO.

Bis vor einigen Jahren gab es im Sonnensystem nur acht offizielle Planeten. Das änderte sich jedoch im Jahr 2006, als die Internationale Astronomische Union (IAU) neue Regeln zur Klassifizierung von Planeten aufstellte und Pluto deshalb eine Herabstufung zum Zwergplaneten erhielt. Aber was sind eigentlich Zwergplaneten und welche gibt es noch im Sonnensystem?

Zwergplaneten sind Himmelskörper, die viel kleiner sind als die herkömmlichen acht Planeten, aber groß genug sind, um eine runde Form zu besitzen. Im Gegensatz zu den Planeten haben sie aber nicht genug Masse, um ihre Umgebung von anderen Objekten im Raum freizuräumen. Neben Pluto gibt es vier weitere offiziell anerkannte Zwergplaneten im Sonnensystem: Ceres, Haumea, Makemake und Eris.

Ceres ist der größte Zwergplanet im Sonnensystem und befindet sich im Asteroidengürtel zwischen Mars und Jupiter. Mit einem Durchmesser von etwa 950 Kilometern macht er fast ein Drittel der gesamten Masse des Asteroidengürtels aus. Ceres wurde im Jahr 1801 entdeckt und galt lange Zeit als der größte Asteroid im Sonnensystem, bis er in den 2000er Jahren aufgrund seiner Größe als Zwergplanet eingestuft wurde.

Haumea ist ein ungewöhnlicher Zwergplanet, da er eine lang gestreckte Form hat und zu den schnellsten bekannten Rotationszeiten im Sonnensystem gehört - er dreht sich in nur 4 Stunden vollständig um seine eigene Achse. Entdeckt wurde er im Jahr 2004 und trägt den Namen einer hawaiianischen Göttin.

Makemake ist der zweitgrößte Zwergplanet im Kuipergürtel, einer Region jenseits der Umlaufbahn von Neptun, die von vielen Objekten bevölkert wird. Er wurde erst im Jahr 2005 entdeckt und trägt den Namen einer Gottgestalt der Osterinsel-Kultur.

Eris ist der größte bekannte Zwergplanet im Sonnensystem und befindet sich ebenfalls im Kuipergürtel. Er hat einen Durchmesser, der fast doppelt so groß ist wie der von Pluto und wurde erst im Jahr 2005 entdeckt. Die Entdeckung von Eris und seine hohe Masse waren letztendlich der Auslöser für die Diskussion und Entscheidung, Pluto als Zwergplanet zu klassifizieren.

Die Erforschung der Zwergplaneten steht noch ganz am Anfang. Es gibt noch viel zu lernen über ihre Eigenschaften, Geologie und Entstehungsgeschichte. Einige Missionen sind bereits geplant oder laufen, um mehr Informationen über diese faszinierenden Himmelskörper zu sammeln.

ASTEROIDEN: KLEINE HIMMELSKÖRPER IM SONNENSYSTEM

Neben den Planeten, Zwergplaneten, Monden und Kometen gibt es im Sonnensystem noch viele weitere Himmelskörper, die erforscht werden. Einer davon sind die Asteroiden.

Asteroiden sind kleine Gesteins- oder Metallbrocken, die sich meist im Asteroidengürtel zwischen den Planeten Mars und Jupiter aufhalten. Sie werden auch als Planetoiden oder Kleinplaneten bezeichnet, da einige von ihnen eine runde Form aufweisen. Es gibt jedoch auch viele unregelmäßige Asteroiden, die eher an Kartoffeln oder Zigarren erinnern.

Das Studium der Asteroiden kann uns viel über die Entstehung des Sonnensystems und die Vorgänge im frühen Universum verraten. Einige Asteroiden sind Überreste von Planeten, die nie entstanden sind, da sich das Material in dieser Region nicht zu einem Planeten zusammenballen konnte. Andere sind möglicherweise Überbleibsel von Kollisionen zwischen größeren Himmelskörpern.

Einer der bekanntesten Asteroiden ist Ceres, der größte bekannte Asteroid im Sonnensystem und sogar ein Zwergplanet. Er wurde im Jahr 1801 von Giuseppe Piazzi entdeckt und war der erste Asteroid, der entdeckt wurde.

Asteroiden können auch eine Bedrohung für die Erde darstellen, da einige von ihnen eine potenzielle Kollisionsgefahr darstellen. Ein großes Objekt, das auf die Erde trifft, kann erhebliche Auswirkungen auf das Leben auf unserem Planeten haben. Aus diesem Grund wird auch intensiv an der Erforschung von Asteroiden gearbeitet, um solche Bedrohungen frühzeitig erkennen und abwehren zu können.

In den letzten Jahrzehnten wurden viele Missionen gestartet, um Asteroiden genauer zu untersuchen. Die Raumsonde NEAR Shoemaker war die erste, die einen Asteroiden aus nächster Nähe untersucht hat, nämlich Eros im Jahr 2000. Weitere Missionen wie Hayabusa und OSIRIS-REx haben Bodenproben von Asteroiden gesammelt und zurück zur Erde gebracht, um sie zu untersuchen.

Asteroiden sind somit ein wichtiger Bestandteil des Sonnensystems, der uns viel über seine Entstehung und Entwicklung verraten kann. Durch weitere Erforschung dieser Himmelskörper können Forscher noch viel mehr über unser Sonnensystem und seine Entstehungsgeschichte erfahren.

KOMETEN: WANDERER AUS DEM ÄUSSEREN SONNENSYSTEM

Kometen sind einer der faszinierendsten Himmelskörper, die in unserem Sonnensystem vorkommen. Diese wandernden Objekte aus dem äußersten Teil des Sonnensystems haben eine lange und interessante Geschichte. Kometen sind seit langem Gegenstand von Legenden, Mythen und wissenschaftlicher Erforschung.

Kometen werden oft als "schmutzige Schneebälle" beschrieben, da sie im Wesentlichen aus Eis und kosmischem Staub bestehen. Wenn sie sich der Sonne nähern, wird das Eis sublimiert und es bildet sich eine Gashülle, die als Koma bezeichnet wird. Diese Gashülle kann Millionen von Kilometern lang werden und manchmal einen spektakulären Schweif bilden. Der Schweif eines Kometen entsteht durch die Strahlung und den Sonnenwind, der das Material aus der Koma wegbläst. Während eines Kometenpasses können die Schweife sich über den Nachthimmel erstrecken und ein beeindruckendes astronomisches Ereignis darstellen.

Die Entdeckung von Kometen reicht zurück bis ins Altertum. Die alten Chinesen, Ägypter und Griechen haben Kometen beobachtet und Aufzeichnungen darüber hinterlassen. Einige der berühmtesten Kometenbeobachtungen waren die Erscheinungen von Komet Halley, der alle 76 Jahre zurückkehrt, und Komet Hale-Bopp, der in den späten 1990er Jahren eine spektakuläre Erscheinung am Himmel bot.

Die meisten Kometen verbringen den größten Teil ihres Lebens in einer weit entfernten Region des Sonnensystems, die als Oortsche

Wolke bezeichnet wird. Dies ist eine riesige Ansammlung von Kometen, die weit jenseits der Umlaufbahnen der Planeten liegt. Wenn ein Komet durch äußere Einflüsse aus der Oortschen Wolke gestört wird, kann es auf eine Bahn gezwungen werden, die es auf eine Reise ins Innere des Sonnensystems führt.

Wenn ein Komet näher an die Sonne heranrückt, beginnt das Eis zu sublimieren und die Koma bildet sich. Wenn die Koma groß genug ist, kann sich ein Schweif bilden. Die meisten Kometen verbringen nur kurze Zeit in der Nähe der Sonne, bevor sie wieder in die Weiten des Sonnensystems zurückkehren.

Astronomen klassifizieren Kometen nach der Länge ihres Umlaufs um die Sonne. Kurzperiodische Kometen haben Umlaufzeiten von weniger als 200 Jahren und stammen aus der Nähe des Kuipergürtels. Langperiodische Kometen haben Umlaufzeiten von mehr als 200 Jahren und stammen aus der Oortschen Wolke.

In den letzten Jahrzehnten haben Wissenschaftler viele Kometen analysiert und sind zu dem Schluss gekommen, dass sie wichtige Informationen über die Entstehung und Entwicklung unseres Sonnensystems enthalten. Die kosmischen Staubteilchen, die in Kometen gefunden wurden, sind einige der ältesten Materialien im Sonnensystem und können wichtige Hinweise darauf liefern, wie unser Planetensystem entstanden ist.

Insgesamt faszinieren Kometen uns Menschen seit Jahrtausenden. Obwohl wir sie heute besser verstehen, haben sie ihre Faszination und Mystik nicht verloren. Die Beobachtung eines Kometen ist eine erstaunliche Erfahrung, welche uns wieder daran erinnert, wie wundersam und geheimnisvoll das Universum ist.

OORTSCHE WOLKE: DIE HEIMAT VON LANGPERIODISCHEN KOMETEN

Die Oortsche Wolke ist eine hypothetische Ansammlung von eisigen Körpern, die sich in einer Entfernung von etwa einem Lichtjahr von der Sonne befindet. Sie ist nach dem niederländischen Astronomen Jan Hendrik Oort benannt, der ihre Existenz im Jahr 1950 postulierte. Es wird angenommen, dass die Oortsche Wolke die Quelle langperiodischer Kometen ist, die in das innere Sonnensystem eindringen.

Die Oortsche Wolke ist ein sehr entfernter und schwierig zu beobachtender Teil unseres Sonnensystems. Seine Existenz wurde indirekt durch die Beobachtung von langperiodischen Kometen vorgeschlagen, die sich in sehr großen Entfernungen um die Sonne bewegen. Der Ursprung dieser Kometen konnte nicht auf innerhalb des Sonnensystems liegende Quellen zurückgeführt werden, was die Idee einer äußeren Quelle nahelegte. Einige Astronomen glauben, dass es auch kurperiodische Kometen gibt, die aus der Oortschen Wolke stammen, aber dies ist umstritten.

Die meisten Forscher vermuten, dass die Oortsche Wolke aus mehreren Millionen Kometen und anderen eisigen Körpern im Orbit um die Sonne besteht. Die meisten dieser Körper sind so klein und weit entfernt, dass sie selbst mit den leistungsstärksten Teleskopen nicht beobachtet werden können. Die Theorie geht davon aus, dass durch gravitative Störungen durch Sterne oder Planeten in ihrer Umgebung einige dieser Körper aus der Oortschen Wolke herausgeschleudert werden, wo sie sich auf zufälligen Bahnen durch das Sonnensystem bewegen.

Die Entdeckung von 2018 VG18, einem Objekt, das auch als "Farout" bezeichnet wird, hat die Existenz der Oortschen Wolke bestätigt. Dieses Objekt ist der fernste, jemals entdeckte Körper in unserem Sonnensystem und befindet sich etwa 120 Astronomische Einheiten (AE) von der Sonne entfernt. Eine Astronomische Einheit entspricht der durchschnittlichen Entfernung zwischen der Erde und der Sonne, was etwa 150 Millionen Kilometern entspricht. Im Vergleich dazu ist Pluto nur etwa 39 AE von der Sonne entfernt.

Die Oortsche Wolke ist auch ein potenzielles Ziel für die Erforschung durch Raumsonden. Trotz ihrer großen Entfernung von der Sonne könnten gelegentlich Kometen, die aus ihrer Entfernung stammen, in die Nähe des inneren Sonnensystems kommen. Eine Mission zur Oortschen Wolke wäre jedoch eine enorme technologische Herausforderung und würde wahrscheinlich viele Jahre Dauer erfordern.

Insgesamt bleibt die Oortsche Wolke eines der faszinierendsten und mysteriösesten Gebiete unseres Sonnensystems. Obwohl wir immer noch wenig darüber wissen, welche geheimnisvollen Körper in ihr lauern, können wir sicher sein, dass ihre Erforschung in Zukunft große Erkenntnisse und Entdeckungen bringen wird.

LEBEN IM SONNENSYSTEM: MÖGLICHKEITEN UND HERAUSFORDERUNGEN

Die Frage, ob es Leben im Sonnensystem gibt, beschäftigt die Menschheit bereits seit Jahrhunderten. Heutzutage haben Wissenschaftler mehr Werkzeuge als jemals zuvor zur Verfügung, um diese Frage zu beantworten.

Bisher hat die Suche nach Lebensformen im Sonnensystem noch keine Erfolge gezeigt. Allerdings gibt es einige Orte im Sonnensystem, an denen sich möglicherweise Leben entwickelt haben könnte oder in der Zukunft entwickeln könnte.

Der Mars, als unser Nachbarplanet, ist schon lange ein Ziel der Suche nach möglichem Leben. Obwohl es auf der Oberfläche des Planeten karg und lebensfeindlich erscheint, gibt es einige Anhaltspunkte, die darauf hindeuten, dass es in der Vergangenheit flüssiges Wasser auf dem Mars gegeben haben könnte, was eine Grundvoraussetzung für Leben darstellt. Derzeit wird der Planet mit Hilfe von Landern und Rover erkundet, die Hinweise auf die geologische und atmosphärische Zusammensetzung des Planeten liefern und damit auch darauf, ob Leben in der Vergangenheit oder Zukunft möglich wäre.

Europa, einer der größten Monde des Planeten Jupiter, ist ein weiterer Kandidat für Leben. Unter einer kilometerdicken Eisdecke vermuten Wissenschaftler einen Ozean aus flüssigem Wasser. Wenn das der Fall ist und wenn es Energiequellen gibt, könnte es möglich sein, dass Mikroorganismen im Ozean leben.

Eine weitere Möglichkeit für Leben im Sonnensystem sind die Mondsatelliten Enceladus und Titan des Planeten Saturn.

Enceladus stößt aus heißen Rissen in seiner Eiskruste große Mengen an Wasserstoff, welche als Indikator für hydrothermale Aktivitäten angesehen werden und dadurch das Potenzial für Leben in einem unterirdischen Ozean eröffnen. Auf Titan gibt es flüssige Kohlenwasserstoffseen und -flüsse, und mit Stickstoff und Methan in der Atmosphäre bietet der Mond auch eine potenzielle Umgebung für Lebensformen.

Auch auf der Erde haben extrem lebensfeindliche Orte wie die Tiefsee oder Wüsten die Forschung vorangetrieben, da es dort oft Mikroorganismen gibt, die in extremen Bedingungen überleben können. Es ist daher nicht ausgeschlossen, dass es in den anscheinend lebensfeindlichen Orten des eigenen Sonnensystems Leben gibt.

Eine Herausforderung für die Suche nach Leben im Sonnensystem ist unsere eigene Technologie. Es ist für uns schwierig, nach extraterrestrischem Leben zu suchen, da wir nur anhand unseres eigenen Verständnisses von Leben suchen können, was sehr begrenzt ist.

Allerdings gibt es auch etische Aspekte bei der Suche nach Leben im Sonnensystem. Sollte es beispielsweise Leben auf dem Mars oder Europa geben, stellt sich die Frage, ob wir es stören oder sogar zerstören würden, wenn wir diese Himmelskörper intensiv erkunden oder besiedeln würden.

Die Suche nach Leben im Sonnensystem geht weiter und es bleibt eine der spannendsten Forschungsfragen für die Menschheit. Aus wissenschaftlicher Sicht kann die Suche nach Lebensformen nicht nur unser Verständnis für die Entstehung von Leben verbessern, sondern auch in Hinblick auf zukünftige Missionen sowie dem Aufbau einer bemannten Präsenz im Sonnensystem von unschätzbarem Wert sein.

ZUKUNFT DER ERFORSCHUNG DES SONNENSYSTEMS

Die Erforschung des Sonnensystems ist ein kontinuierlicher Prozess, der von Wissenschaftlern aus der ganzen Welt vorangetrieben wird. In den letzten Jahrzehnten haben wir durch Raumfahrtmissionen und astronomische Beobachtungen unzählige Erkenntnisse über unser Sonnensystem gewonnen. Aber die Erforschung hört hier nicht auf. Es gibt viele weitere Fragen, die beantwortet werden müssen, um das Sonnensystem und die Kräfte, die es formen, besser zu verstehen.

Die Zukunft der Erforschung des Sonnensystems könnte durch mehrere Faktoren beeinflusst werden, wie zum Beispiel verfügbare Ressourcen, technologische Fortschritte und wissenschaftliche Ziele. In den kommenden Jahren können wir jedoch erwarten, dass die Missionen und Werkzeuge zunehmend anspruchsvoller werden, um die wissenschaftlichen Herausforderungen zu bewältigen.

Ein Bereich, in dem die Zukunft der Sonnensystemforschung besonders spannend ist, ist die Suche nach Leben im Weltraum. Wissenschaftler suchen nach Hinweisen auf Leben auf anderen Planeten und Monden im Sonnensystem, um Antworten auf die Frage zu finden, ob wir alleine im Universum sind oder nicht. Die Suche nach Leben hat bei Missionen wie der Mars Exploration Rover-Mission und der Cassini-Mission begonnen, die erstmals Hinweise auf die Existenz von flüssigem Wasser auf anderen Himmelskörpern unseres Sonnensystems lieferten. Zukünftige Missionen wie die ExoMars-Mission, die auf der Suche nach Spuren von Leben auf dem Mars ist, und die Europa Clipper-Mission, die den Jupitermond Europa auf Zeichen des Daseins von Leben untersuchen wird, werden das Feld der Planetenbiologie vorantreiben.

Ein weiterer Bereich, in dem Fortschritte in der Zukunft zu erwarten sind, ist die Nutzung von Ressourcen im Weltraum. Zum Beispiel könnte die Entnahme von Rohstoffen aus Asteroiden und Monden im Sonnensystem die Entfernung von Ressourcen aus der Erde minimieren. Einige Unternehmen arbeiten bereits daran, die Technologie zu entwickeln, die für die Extraktion von Ressourcen im Weltraum erforderlich ist.

Darüber hinaus wird es in der Zukunft auch einen Fokus auf die Erkundung der äußeren Bereiche des Sonnensystems geben. Da Pluto und die anderen Zwergplaneten erst kürzlich besucht wurden, gibt es noch viel zu entdecken und zu untersuchen. Die Erforschung des Kuipergürtels und der Oortschen Wolke könnte auch weitere Erkenntnisse über die Entstehung des Sonnensystems liefern.

Insgesamt wird die Zukunft der Sonnensystemforschung von der Zusammenarbeit zwischen Wissenschaftlern, Raumfahrtbehörden und Regierungen weltweit abhängig sein. Die finanzielle und wissenschaftliche Unterstützung für die Erforschung des Sonnensystems muss weitergehen, damit wir unsere Kenntnisse über unseren kosmischen Nachbarn erweitern und unsere Beziehung zum Universum besser verstehen können.

FASZINIERENDE FAKTEN UND GEHEIMNISSE UNSERES SONNENSYSTEMS.

In unserem Sonnensystem gibt es viele faszinierende Fakten und Geheimnisse, die noch erforscht werden müssen. Hier sind einige interessante und überraschende Fakten:

- Die Sonne ist 4,6 Milliarden Jahre alt und wird noch etwa 5 Milliarden Jahre lang brennen. Danach wird sie zu einem roten Riesen und schluckt die inneren Planeten.

- Der größte Vulkan im Sonnensystem ist der Olympus Mons auf dem Mars. Er ist etwa drei Mal so hoch wie der Mount Everest und hat eine Ausdehnung von knapp 600 Kilometern.

- Die Saturnringe bestehen aus unzähligen Eis- und Gesteinsbrocken, von denen einige so groß wie ein Einfamilienhaus sind. Die Ringe erstrecken sich über eine Entfernung von mehr als 280.000 Kilometern.

- Der kleinste Planet im Sonnensystem ist Merkur. Er hat nur etwa ein Drittel des Durchmessers der Erde und benötigt nur 88 Tage für eine Umrundung der Sonne.

- Der hellste Planet am Nachthimmel ist Venus. Sie ist in etwa so groß wie die Erde, jedoch ist ihre Oberflächentemperatur extrem heiß und damit höher als auf jedem anderen Planeten im Sonnensystem.

- Auf dem Mond gibt es eine sogenannte 'Verwaltungsbasis' oder 'Moon Village'. Die genaue Zusammensetzung ist noch nicht bekannt, aber es ist ein Ort, an dem es künstlerischen Ausstellungen und Forschungsprojekten gibt.

- Jupiter hat den größten Einfluss auf das Sonnensystem durch seine Größe und Masse. Sein Magnetfeld ist so stark, dass es alles von der Oberfläche des Mondes Io bis hin zum Rand von Satruns Ringen beeinflusst.

- Es ist möglich, dass es Leben auf der Oberfläche des Jupitermondes Europa gibt, wo eine dicke Schicht aus Eis das darunterliegende flüssige Wasser abschirmt. Es wird angenommen, dass es unter der Oberfläche von mehreren Eismonden im Sonnensystem flüssiges Wasser gibt, was eine Möglichkeit für Leben bieten könnte.

- Der größte Asteroid im Sonnensystem ist Ceres, der sich im Asteroidengürtel zwischen Mars und Jupiter befindet. Er hat einen Durchmesser von etwa 900 Kilometern und wurde von der NASA-Sonde Dawn besucht.

- Pluto war der erste und bisher einzige Zwergplanet, der von einer Raumsonde besucht wurde. Die New Horizons-Mission enthüllte, dass der eisige Körper eigenartige Gebirge und tiefe Gräben aufweist.

- In unserer Galaxie befinden sich unzählige andere Sternensysteme, und bisher wurden Tausende von Planeten außerhalb unseres eigenen Sonnensystems entdeckt. Die Suche nach außerirdischem Leben und die Entdeckung weiterer Planeten sind immer noch wichtige Ziele für die zukünftige Erforschung des Sonnensystems.

Diese Fakten und Geheimnisse sind nur ein kleiner Einblick in die faszinierende Welt unseres Sonnensystems. Die Zukunft wird weitere Entdeckungen und Enthüllungen bringen, die uns noch mehr Einblick in die Geheimnisse des Kosmos geben werden.